苔玉

苔藓盆中的自然精华

（法）杰瑞米·塞古达 弗兰克·萨德兰 著

译林苑（北京）科技有限公司 译

中国林业出版社
China Forestry Publishing House

前　言

◀◀▶▶ 苔玉，这一来自于日本的植物艺术，是多种古老日本艺术融合的结晶，展现了日本人对大自然的虔诚热爱。日本古代房屋多属木建筑，并采用推拉门结构，门上贴有一层薄纸，一方面可以让阳光透进屋里，另一方面也可以融入自然，不与自然隔离。

今天，苔玉之所以受到大众如此喜爱，正是因为它让大自然再次进入到我们的现代化家园中。在众多草木之中，无论是来自田间还是异国他乡，苔藓这一源于花园或森林的植被为生活增添了自然气息，让自然融入到人们的生命之中。

这也是一门可以让你展现才华、表达情感的艺术。对于渴望进行自我创作的人来说，利用休息时间便可独立或多人协同创作。在创作的过程中，在追求和谐和进行天马行空的搭配中，你将感受到一种简单的快乐或是一种新的生命热情。通过学习如何塑造苔藓球，观赏自己的作品，您会得到真正的满足，也可体会到一种无与伦比的快乐。

本书将向您清楚地展示如何制作、养护苔玉。书中包括适用于不同地点、不同场合以及针对儿童的苔玉作品制作。苔玉制作所需的材料、植物、苔藓在专业商店和网上都可以购买到。

您只需要和我们一起进入这个满是小苔藓球——苔玉的梦幻世界中进行探索……

著者
2019 年 7 月

◀ 左图：该苔玉作品是由一棵小灌木——窄叶火棘制作而成，这种小灌木可在园艺用品商店中购买，并且已按盆景风格进行了修剪。春日百花萌动，夏秋彩果绚烂。

目 录

苔玉基础知识

LES BASES DU KOKEDAMA

◆◆ 在日语中苔玉（kokedama）一词由两个字符或表意文字构成，koke 指"苔藓"，tama 或 dama 在此情况下有多个含义：可以指球、球体，也可以指宝石、珍宝，比如珍珠；它也指某个珍贵、美丽、精美的物品。一般来说，我们将苔玉（kokedama）理解为"苔藓球"，其上会栽种一种或多种植物。

这种新技法在 20 世纪 90 年代初出现于日本。在日本的一些大都市特别是京都和东京的大商店，以及其他比较传统的商店中（茶馆、工艺店），有专门从事苔玉或相关创作的花艺师。

这种非常特殊的展示环境让苔玉的文化特性更加突出，苔藓则为设计提供

了自然的外观。

苔玉源于日本多种古老技艺的融合，主要有以下三种。

露根

将一种或多种植物种在花盆中，直到其根部占满花盆。然后将这种类似于土丘的作品放在石盘或传统的陶瓷器中，有时会覆有苔藓，部分根部会露在外，处理根部形态是整个技法的核心。

草本盆栽

字面意思是指"草本"，可以是野草、球茎、多年生植物或兰花，根据其季节特性将其置在手工陶器中。这些草本也可用作"主景植物"或"伴生植物"，称为 shitakusa。当在展示时，可被放在盆景旁以表明季节。

盆景

意为"在盆中种植"，主要是对栽植在盆中的一种或多种植物进行养护并使其保持在一个固定的大小。

培养盆景需要经验和时间，在这方面盆景或许不太适应现代生活节奏，然而苔玉则完全不同。

事实上，制作苔玉是一个体验真正乐趣的过程，并且养护也较简单，只需定期浸泡和喷水即可。渴望接近大自然的日

❧ 左图：该苔玉盆景由一棵锦紫苏制作而成，后面是一个树龄较大的刺柏盆景。

本人根据从田野、森林或大山中寻获的植物进行创作。

在日本，人们常会在壁龛上展示一些传统艺术作品。如花道、茶席插花、草本盆栽、盆景等。壁龛所在的房间较具和风，常应用床位（ranma）、障子（一种日式房屋中作为隔间使用的可拉式糊纸木制门）、和纸隔间和榻榻米来配合布置。还会在墙上挂上展现四季的山水挂轴及书法作品。

即使家中没有这样的日式房间或壁龛，想要体验日式风情，也可在现代化的房间内放置苔玉作为装饰植物。这种创作和装饰会给人带来无限乐趣，并且易于养护，能够让人亲近自然，十分符合现代人的追求。这也使得苔玉在日本受到极大的欢迎，同时这门艺术也开始在其他国家发展起来。

▲　图中展示了一棵树龄较新的"日本白松"（或五针松，日语为 goyomatsu），放在一个常滑烧日式花盆中制作成盆景。

▶　右图：展示了一个放在蓝色陶器上的草苔玉，犹如矗立在海洋中一座郁郁葱葱的岛屿。这个作品让人想到露根和草本盆栽的作品风格。

组成和材料

COMPOSANTS ET MATÉRIEL

◐ ◐ 传统上，苔玉是由一种或多种植物组成，这些植物会生长在一个被苔藓覆盖包裹的介质中。因此需要使用适合这种培养方式的植物，并准备一些能够让植物生长并保持原始球状的介质。苔藓在其中起到关键作用，它可以让作品呈现出自然的状态。因此这是一个有生命的创作，需要对其进行养护、修剪、浇水等等。

植物

将植物制作成苔玉，旨在升华植物，并通过这种简单且自然的外观展现其优雅。可将苔玉植物分为两类：室内和室外植物。

室内植物在温度、光照和需水性方面的要求更高，但其优点是四季常青，尤其是在秋冬，可为家中带来一抹绿色。

相比之下，室外植物的季节感更加明显，会随着四季轮回发生变化，这样我们可以更好地欣赏它们在每个季节所展现的美。冬末叶露、春盛花开、夏满硕果、秋色绚烂。

无论是室内植物还是室外植物，在其花开时节制作成苔玉将更加优雅迷人。但兰花和多浆植物，最好避开这个时期，或在花开之前就制作成苔玉。

在制作苔玉的过程中，需特别注意植物根部。有些植物根系脆弱或不发达，例如，杜鹃花、嚏根草，以及球茎和一些兰花……

◀ 左图：野生兰花自然地摆放在花岗岩山泉旁。这些植物是日本人传统设计上经常使用的植物。但需要注意，有些植物是国家保护资源，不可随意从野外挖取。

栽培介质

栽培介质是制作苔玉的关键因素。所选用的栽培介质必须适合植物生长习性并具有一定的可塑性，以便能够保持球状不被分解。下面是制作通用型栽培介质所需的各成分及用量，这些方案适用于大部分苔玉盆景。

通用型栽培介质：

–4 份泥炭土
–2 份赤玉土
–1 份泥炭藓
加水搅拌粘合。

但是，需根据不同植物的需求对不同成分的用量进行适当的调整，特别是用水量方面，以便调制出最合适的介质。

肥料

使用可直接掺入混合物中的固体肥料，以便能够提供植物生长所需的营养。也可使用液体肥料，将用水稀释过的养料浇入或直接喷在苔藓上。
注意用量，按照肥料包装上的说明施肥，最好少量给肥，避免烧伤。

⬆ 上面的主景植物是樱茅草 – 粉红珍珠，其栽培介质的透水性非常好。

泥炭土

它是制作日本传统苔玉盆景的必要元素。这种黑色黏土可从湖泊或稻田中获取，富含植物纤维。非常适合用于栽培植物或岩石盆景绿化。

赤玉土

一种主要来自于日本的棕红色颗粒状火山黏土。这种中性材料透气性和排水性较好。盆景爱好者在换盆时常用此材料。

珍珠岩

硅质火山白砂，其保水能力可达其自身重量的 4 至 5 倍。
极轻，作为栽培介质与其他土壤一起混合使用。

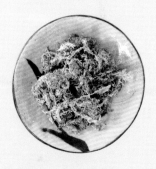

泥炭藓

一种苔藓，具有很强的保水性，可确保栽培土壤透气，防止植物根部被阳光灼伤。

木炭

与盆栽土壤混合使用非常有效，可防止植物根部腐烂，能够防止细菌和真菌生长，还可净化水分，有助于让苔藓保持绿色。

苔藓

苔藓对于制作日式苔玉至关重要。它不仅美观，而且能保持介质湿润，获取营养物质，并与周围的空气进行交换。

通常我们将其称之为"苔藓"，但这些小植物真正的名字是"苔藓植物（*bryophites*）"，由德国植物学家亚历山大·布劳恩于 1864 年命名。bryo 指苔藓，*phytos* 指植物。

目前世界上有 15000 至 25000 种苔藓植物，分属三大类。 其中法国有大约 800

 砂藓

🔹 大羽藓

🔹 图中，苔藓生长非常缓慢，需要时间来进行再生。无论是在森林还是其他地方，都要小心采挖。

种不同类型的苔藓，而日本所拥有的苔藓种类是法国的两倍之多！然而只有少数苔藓植物可用于苔玉制作。

图中所展示的砂藓，主要生长在法国中部和南部地区，喜光照，非常适合制作室外苔玉。也可使用大灰藓和如梳藓，这两种苔藓更适合半荫蔽的环境。

大羽藓则更适合完全荫蔽的环境。其外形规则且较轻盈，似如羽毛或小蕨类植物。

苔藓在自然界中发挥着重要作用，它可以储存土壤多余的水分或减少土壤水分蒸发。因此，下雨时，像泥炭藓这类的苔藓其保水能力可达其自身重量的 12 倍！

对于出于观赏目的使用苔藓的人来说，例如苔玉或盆景爱好者，最关心的苔藓的特性就是其干燥能力以及在长时间无水的情况下是否会死亡，也就是再生能力。这些植物可脱水并进入缓慢的休眠状态，与水接触后可再次复苏。因此，它们可以在露天干燥后保存在塑料袋中数周甚至数月，并根据需要再浸湿使用。

⚠ 大灰藓，其外形似羽毛。

⚠ 赤茎藓，一种非常茂密的苔藓，可在森林中找到。

⚠ 图中覆盖在苔玉上的是如梳藓，生长在石灰岩地区。

▶ 右图：将苔藓单独的放在一个漂亮的陶瓷中，便能呈现出一个自然的效果。

工具

日本人非常重视工具。
几乎每个操作和制作步骤都会有相应的工具和技术。
某些工具是使用祖传方法制作的。在这里，我们选择使用能够找到、价格便宜、易于获取但适用面广的工具。而这些工具在园艺用品商店或盆景专卖商店都很常见。
注意维护工具。它们可让您更好地进行工作、照料植物。

❧ 基本套件工具：毛巾、剪刀、棉线、木棍、喷雾器。

❧ 标准套件工具：毛巾、木棍、直剪刀、结扎线、剪刀、棉线、镊子、乳胶手套、棕刷、喷雾器。

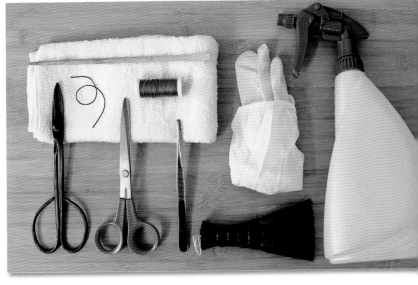

❧ 左图：正在对苔藓进行轻微修剪，使其平整并完善苔玉的圆度。

1. **棕刷**：这个小刷子可帮助您在制作过程中清理工作台。

2. **尼龙线 / 棉线**：可将苔藓固定在球体上。

3. **结扎线**：铝线或铜线将用于对一些植物或灌木进行塑形，也可用于制作骑马钉将苔藓固定在球体上。

4. **毛巾**：用于每次操作后擦拭工具。

5. **直剪刀**：非常适合剪切小枝、树根、枯萎的叶子和花。

6. **线钳**：用于剪切铝或铜结扎线。

7. **平钳**：一旦放好结扎线，可用于对树枝进行造型。

8. **剪刀**：这些裁缝剪刀非常适合修剪苔藓。可用更加传统的日本大把手剪刀代替。

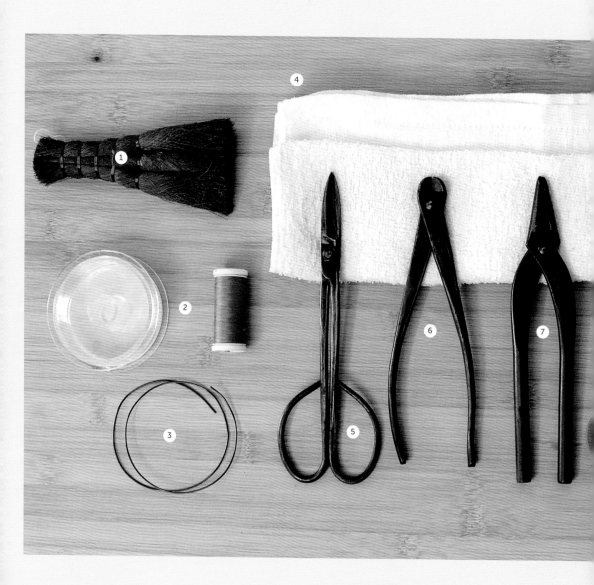

9. **镊子**：用于对骑马钉进行整形并清理苔藓。

10. **木棍**：在制作苔玉过程中可用于疏理根部，固定骑马钉以及修整植物根颈处的苔藓。

11. **乳胶手套**：避免泥炭土（一种黑色黏土）弄脏手。

12. **喷雾器**：可让苔藓更加的柔软并且能够在制作时润湿根部。也可用于滋润植物和苔藓，养护苔玉。

其他工具：

－塑料桶和容器，用于混合介质并在制作完成后浸泡苔玉。

－塑料薄膜或托盘，避免弄脏室内工作台。

底座

苔玉通过植物与其容器之间的精妙结合展现其优美精致。

选择合适的容器可以让作品更加的灵动。材料、形状、颜色的结合可以制作出别出心裁的作品。传统上是将苔玉放在陶器上，也可放在石板、瓷器、玻璃、浮木或石头上……无限的可能性。

为了能创造出景观的效果，也可加入动物或人物，这将使整体画面更加活泼。但是还是要体现日式的朴素！

也可使用绳线将苔玉悬挂在半空中或放在一个悬挂在半空中的器皿内。

🔺 三个砂岩杯，灵感来自日本 raku 技术，可容纳小巧的苔玉。

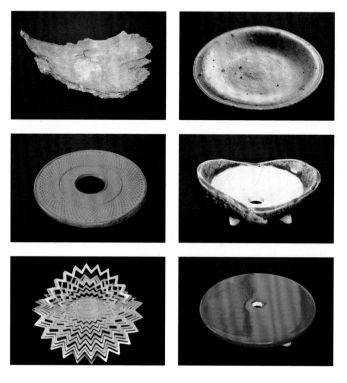

🔹 图中所示为云杉树皮、粗制砂岩盘、日式铸铁盘和常滑烧陶器、金属底座和现代风格的珐琅陶瓷盘。

🔹 右图：有两个苔玉盆景，一个是由木蕨制成，另一个由日本枫树制作。这两个苔玉放在了一个麻岩板上，这是一种分布在夏蒙尼山谷到勃朗峰一带的典型岩石。

苔玉养护

ENTRETENIR LES KOKEDAMA

▶▶ 为了保持苔玉的造型您需要对作品进行定期养护。这些苔玉就如同种在花盆中的植物。不同之处在于苔藓不能像容器一样去维持介质和根部的水分。

此外，偶尔需要对其进行修剪，特别是对于生长速度较快的室外植物。还包括清理枯萎的花、叶子，平整苔藓使其保持原始的球形等等。苔玉的养护不需要花费太多时间，重要的是每天检查其状态，确认是否需要浇水……

保留在园艺用品商品购买的植物标签是非常有用的，上面可标明植物的名称、需水情况和所需的光照。

浇水

浇水频率至关重要，需要根据苔玉制作中所选植物类型确定浇水频率。

室内苔玉盆景根据季节、空气湿度和室温一般每 2～3 天浇一次水。因此，如果空气非常干燥或正处盛夏，则需要更加频繁地浇水，可每天浇一次水。

给植物浇水和给覆盖在球体上的苔藓浇水需要完全分离。

因为对于不喜积水的苔藓，过量的水可能会让其变成棕色。日常少量的喷水可以为其带来维持生命所需的水分并使其保持绿色。

对于室外苔玉盆景，根据其植物类型、摆放位置（置于阳光下、半荫蔽处、完全荫蔽处）和天气情况（温度、雨水、风）的不同，对水的需求也不尽相同（例如灌木对水量的需求比禾木科植物更大）。还需考虑到植物的生命循环，例如在春季发芽或开花时需要额外进行浇水。

利用毛细现象浇水

在碟子中加入约 2 厘米高的水，将苔玉放在中央，让水渗入，直到水被吸收。如果几个小时后，碟子里仍有水，说明浇水量已经足够，只需取出苔玉便可。切记将苔玉浸入水中的时间不可超过一天，否则可能会导致根部腐烂，甚至让整个苔玉解体。

利用浸泡的方式浇水

将苔藓球完全浸入装满水的容器中并保持几分钟，直到表面不再有气泡出现。轻轻按压苔玉挤掉多余水分。对

❀ 左图：在浸泡之后，用手轻轻按压苔玉挤掉苔藓球中多余的水分，这是为了避免根部和苔藓腐烂。

于未使用泥炭土制作的苔玉盆景应避免使用此方法，因为可能会发生分解。这也是在突然干燥后使植物复活的唯一方法。

放置一段时间，除去过量的氯；最好使用雨水或轻微矿化水，最好是常温水。

了解苔玉是否需要浇水

– 把苔玉举起，球体非常轻
– 植物变得软榻，叶子垂下来
– 触摸苔藓，苔藓很干燥

利用水龙头或喷壶浇水

使用喷壶，这是为室外植物浇水最常见、最简单的方法。

如果是室内苔玉盆景则可以使用水龙头。注意水龙头的水流不得损坏球体的形状。可使用城市生活用水，如果可能，将水

❧ 喷雾器可用于定期润湿苔藓。

⚠ 上图：用喷壶给室外苔玉盆景浇水。

⚠ 上图：为了方便利用毛细现象吸水，我们可在容器的底部加一些砾石来固定苔玉。

⚠ 下图：用浸泡的方式，为苔玉补充水分。

肥料

苔玉会使用少量的栽培介质。与其他植物不同，苔藓球内的介质不会提供植物需要的天然养分。最初可能含有丰富的养分但是之后不会再生。

施肥可以解决这方面的缺陷。此外，如果使用的是开花植物，在开花前施肥可以更好地刺激其生长。

我们可在园艺用品商店购买到适合各种植物的肥料。以下是使用肥料的一些方法：

①使用分解缓慢的固体肥料，此类肥料在制作苔玉时可直接添加到栽培介质中。该方法简便并且能够全年持续为植物提供养分以及避免植物缺乏营养。

②可将掺水的液体肥料浇到苔玉盆景上或者将苔玉盆景浸泡在掺水的液体肥料中。也可喷洒肥料，但要注意不要烧伤苔藓和植物根部。

③对于景观式放在花盆中的作品，可以在植物根颈处放一个肥料球，或一些固体细颗粒，这些肥料会在浇水过程中自动分解。该方法主要用于给盆景施肥。

❀ 这种分解缓慢的颗粒肥料在所有的园艺用品商店都可购买。

❀ 这种肥料球主要用于盆景。

❀ 两种液体肥料。

❀ 这棵芸香灌木（一种小型开花灌木）被修剪成一棵小树。
在自然环境中可长至 1.5 米，芸香灌木原产于澳大利亚和新西兰。花期从 6 月持续到 10 月。有四个花瓣，呈紫粉色。
注意这种植物易枯萎并且寿命较短。需要光照、湿度较好的环境，所使用的介质需具备良好的排水性。

修剪

多数情况下主要对室外苔玉球上生长的苔藓进行定期修整。

修剪开花植物凋零的花朵。修剪多余的叶子，确保植物中心通透，可防止某些部分由于缺少光照而干枯。

对于兰花，可剪掉已经干掉的开花树枝，留下 1 ~ 3 个芽眼，以便将来开花。如果是苔玉的某些根部已从苔藓球中长出，需要将其剪平，这将有助于上方长出新根。但如果长出太多的根，则需要对苔玉重新进行塑形或换盆（见 34 页）。

对于诸如禾木科植物或玫瑰之类的植物，将在秋季进行严格的修剪以为过冬做准备。

类似于盆景技术可通过将嫩芽修剪至两片或三片叶子来保持灌木的形状或结构，如同下图中这棵树龄新的日本鹅耳枥。

🔺 修剪日本鹅耳枥。

▶ 右图中的这个番薯苔玉自然地形成了"垂落风格"。

换盆

如果苔玉根部过于明显，植物已与球体大小不成比例或多次尝试之后植物仍然萎蔫，为使植物能够继续生长，需要进行换盆。有三种选择，前两种适用于室内、室外植物，第三种仅适用于室外植物。

| 加大苔玉尺寸 |

1. 取下绳线和苔藓。
2. 用木棍拆开原来的介质然后切断过长或受损的根的末端。
3. 利用新的混合介质制作一个尺寸比之前更大的球体。
4. 放上新的苔藓并利用绳线使其固定在球体上。浇上大量的水，工作就完成了。

| 换盆 |

1. 使用尺寸比苔玉大的花盆。
2. 用排水混合物（如黏土球或火山灰）装满底部，加入几厘米厚盆栽土。
3. 用木棍拆掉绳线和苔藓，拆开原来的介质然后切断过长或受损的根的末端。
4. 将植物放在花盆中央，然后用盆栽土填充，直到距花盆边还剩1厘米。
5. 轻轻压实并大量浇水。注意可以再使用苔藓，将其平放在介质上（见右图）

| 重新栽植 |

如果您有花园或花坛，可将原来的苔玉重新种到土里。

1. 在所选位置，最好根据植物的需求（光照、需水量）挖一个比苔玉大的洞。
2. 底部铺上盆栽土。
3. 拆掉绳线和苔藓，拆开原来的介质然后切断过长或受损的根的末端。
4. 将植物放在洞中央，然后用盆栽土填充。轻轻压实并大量浇水。

➼ 图中使用橡树幼苗制作的苔玉，通过将其换到一个陶瓷盘上已将其转变为 raku 风格。稍微清理了茎部，并在幼苗的根部添加了新的苔藓来营造出森林感觉。

使用和布置
UTILISATIONS ET EMPLACEMENTS

❂❂ 苔玉是一种有生命的作品，需要为其寻找合适的位置，以便其能够继续生长，还可以欣赏它的四季变化之美。同时它也是一个艺术品，可用在室内和室外。所选的位置、空间一定要展现出它的价值和魅力，令人无限遐想……

因此，它可以装饰几乎所有大小空间，包括入口、办公室、工作台，甚至为其营造一个专用空间。在室外、阳台、窗台、门口，不受任何限制，或者凭借您的想象力，放在苔玉生存所需的最低条件的环境中。

在日本，可以在室内看到很多苔玉盆景。但实际组成的植物大多来自室外，也就是说都是一些落叶或常绿植物。我们根据自己的意愿将其搬入室内，欣赏它们一年四季变化的叶子和花朵。

在欧洲，尤其是法国，我们更倾向于在室内栽植一些花盆植物，也就是说一些适合室内生存的热带植物。将植物搬进、搬出并不常见，因为大多数植物本是生活在室外，无法在室内呆数天。因此选择和事先确定自己的设计意图非常重要。

⚔ 一棵下垂并且花已完全盛开的风铃草放在了一个月亮形状的花瓶里并悬挂在半空中。

❧ 左图：由虎眼万年青制作的苔玉作品，这是一种来自南非的鳞茎植物，属百合科。在其盛开时，适合放在浴室或办公室。鲜橙色花朵让其展现出缤纷的色彩，只要光照充足，也可用于装饰其他地方。其他时间，可将其放在室外享受其所喜爱的阳光。但要小心不要让它变干，尤其是开花期间。

⚔ 蝴蝶兰放在这个位置可以点缀用餐时间，之后再搬到室外。

❀ 此款室内苔玉盆景高雅、别致，可在餐厅使用，为双人晚餐营造出浪漫的氛围。

❀ 这两棵树龄小的鸡爪槭在春天舒展着它们的绿叶。秋天，这些苔玉盆景将变成多彩的紫红色。

❀ 右图：是一棵朱砂根，一种室内植物，因其果实而备受欢迎。在适合的季节可以暂时放到室外。

室内苔玉盆景

KOKEDAMA D'INTÉRIEUR

❖❖ 在园艺用品商店或在拜访某些专业人士、花商、园艺师和苗圃专家时可以很容易地找到种各样适合制作室内苔玉盆景的植物，如天门冬、枪刀药、蕨类植物等等。

我们需要根据苔玉的要求对其进行布置。

理想的地点是靠窗、有光照，但不可置于阳光直射的地方，因为夏天很可能会烧伤叶子。冬季，植物还需远离暖气片或非常密集的热源。蕨类植物和兰花还喜潮湿的房间，例如浴室。

也可将一个室内苔玉盆景放在厨房水池附近，这样可以为它带来水分，并且可以让你在洗碗的过程中放松心情！

有一些苔玉盆景既可放在室内也可放在室外，在合适的季节放在室外，其余时间放在室内。

根据您个人爱好来组合这些植物吧！您也可以利用植物的高度将不同纹理、不同颜色的叶子和花组合在一起。也可加入一些自然装饰元素，如木头、石块……

🔺 铁线蕨，一种小型室内蕨类植物。

🔻 左图：展示了一个由文竹和银边吊兰制作而成的精美苔玉盆景，其中文竹拥有漂亮的气生叶，而吊兰的叶子则夹杂着奶油色。这两种植物来自于非洲，点缀着来自马达加斯加的嫣红蔓，为整个苔玉盆景增添了别样色彩。这个作品简单却不失高雅。

绿色植物

这些植物非常适合制作苔玉盆景。

有些植物，如吊兰、袖珍椰子、垂羽豪威椰或常春藤（常春藤类），不仅外观美丽而且可以净化室内空气。

🔼 这是一个非典型的苔玉盆景，细长球体似一种水果的外形。图中来自于南美洲的袖珍椰子，喜半阴环境，让人联想到波萝的叶子。除了美观，这种造型也可为苔玉提供更多的介质，可让苔玉保持得更久。

🔼 这是一个可以让人平稳心态的苔玉作品。事实上，这个大球底部非常扁平，包含三棵树龄新的酒瓶兰，这是一种来自中美洲的植物，喜半阴环境，也被称为"象脚树"。

🔽 右图盆景中有几棵富贵竹的茎，通常被称为"幸运竹"，点缀着一个陶瓷小熊猫。

开花植物

有很多植物可以在室内开花。最常见的有兰花，特别是蝴蝶兰。它们几乎不需要过多养护，只需要间隔地浇些水。也属于园艺店推荐的植物，并且有各种各样的颜色和形状，从白色到粉红色、黄色、紫色、条纹、斑点等。

▲ 刺梅，一种来自马达加斯加的多浆植物，用水钻点缀，让人感受到这个苔玉花色非常"少女"。注意不可让儿童接触，该植物有毒，不可吞食。

◥ 左图：蝴蝶兰。

室外苔玉盆景

KOKEDAMA D'EXTÉRIEUR

◆◆ 对于室外苔玉盆景，选择较广泛，地被植物、乔木、灌木、花草、多年生植物等……

作品形式也可多种多样，从最传统的日式风格到田园风格或者在一些重要的日子里采用比较华丽的风格。

这些 2 年或 3 年生的幼苗非常受欢迎，如松树（见左图）、枫树，或经过绑缚处理后变得挺立的鹅耳枥。杜鹃花或其他开花植物则富有季节感。

这些植物因美观、逼真的外形常被使用，能够让人联想到田野——风吹草动的景象。这类苔玉盆景每天应放在阳光下 3 小时，但要避免暴晒。

◀ 图中使用了白金箱根草，一种很漂亮的日本草，制作了一个苔玉盆景。可以生长在至少零下 15℃ 的环境下，喜湿和较弱的光照。不喜干土和大风。

◀ 左图：是一棵法国钩状松或称为布里昂松，被放在一个日式水池旁，池水倒映出粉红色的杜鹃花。

▲ 一棵橡树幼苗在苔藓球上生长，旁边点缀着一株小草，让人联想到它曾经生活的森林。

▲ 一种日本杜鹃花，花朵似锯齿状，因此被称为"蜘蛛"，花期5～6月。

❧ 右图：是一棵典型的日本皋月杜鹃。该植物在日本通常称为皋月，意思是指它在农历5月开花。

分步骤制作演示

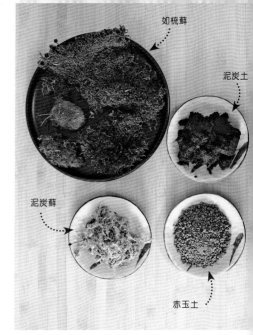

如梳藓
泥炭土
泥炭藓
赤玉土

基础苔玉盆景
KOKEDAMA ESSENTIEL

这个作品是苔玉制作里最基础的做法。

将三个苔玉放在了一块灰色的陈年木片上，并且随着时间和季节的推移已出现古色光泽。这些材料很好地将原始的自然状态融入到现代化的装饰中。可以使用同样的苔藓制作这三个球以达到统一的效果或者使用不同的苔藓来改变苔玉的结构纹理。在此，也可使用不同体积的球体以便让作品有一个起伏。此外，苔藓并不是静态的，表面上的种子、微植物或小真菌可以继续生长，并让您的苔玉盆景生机勃勃。

实际上苔藓自然生长在森林的荫蔽处。所以无需将苔藓放到光照非常充足的环境中，室内光线合适（除了在窗户后，因为太阳光线过于强烈）。在浇水上，只要定期喷洒表面便可生长，苔藓不通过根部灌溉，而是在接触时直接吸收水分。

2 cm 2 cm

材料准备

| 苔藓 | 如梳藓（或 3 份苔藓）
| 介质 | 1/2 泥炭土 +1/4 赤玉土 +1/4 泥炭藓
| 工具 | 标准组件
| 大小 | 球体：5.7 ~ 9 厘米

TIPS

用线缠绕苔藓球，通常会按如下方式进行：
– 先将线绑到第一个骑马钉上并打一个结。
– 然后将骑马钉插到苔藓球下方。每次用线绕球时，向右移动 2 厘米然后再转下一轮。类似缠线团。
– 最后，将线绑到另一个骑马钉上，将其插入到苔藓球中同时稍微拉一下线确保已绑紧。

1. 用钳子制作两个骑马钉。

2. 混合介质并加水以达到柔软、均匀的稠度。

3. 使用介质粗略制作球体。两手转动和挤压，塑造出光滑的球体。

4. 在苔藓两侧喷水以便将其变软。

5. 沿球体覆上苔藓并盖住所有的介质。围绕第一个骑马钉用线打一个结并将其塞入苔藓球中。

6. 如上图所示，用线缠绕苔藓球，每缠一圈线，将球转动2厘米。一旦固定好苔藓，将线绑到另一个骑马钉上，然后将其塞入到苔藓球中，确保线已绑紧。

7. 把苔藓球浸入装满常温水的容器中2～3分钟，确保介质完全浸透。

8. 轻轻按压苔藓球，挤掉多余水分。

9. 修剪苔藓，完善苔玉的圆形外廓。

轻盈苔玉盆景

KOKEDAMA EN LÉGÈRETÉ

文竹外表似"羽毛蕨",叶子全年常绿,这种植物非常适合制作室内苔玉盆景。

文竹原产于南非,因其异国情调而备受花店喜爱。可与兰花和其他开花植物完美结合,为其带来一丝奢华。文竹既简单又易于养护,可放在办公桌的一角、客厅、浴室等等。

这种植物只能承受 –3℃的温度,因此需要保持无霜并且避免接触冷气。室内环境温度对其较适合,可以选择半荫蔽环境或光照充足的环境,但不可受阳光直射。文竹需每周浇一次水并且每月可以加一次稀释的肥料。如果空气太干,也可喷洒树叶。

此盆景使用少量的材料便可以完成制作。当您需要快速制作一个苔玉盆景时,这个方法既迅速又实用。

材料准备

| 植物 | 文竹
| 苔藓 | 如梳藓
| 介质 | 花盆中的土壤
| 工具 | 基本套件
| 大小 | 球体:8.5厘米
| | 高度:34厘米

文竹

如梳藓

1. 使用木棍解开根部。

2. 彻底喷洒根部和盆栽土壤。

3. 把盆栽土壤堆在一起并压成一个球。

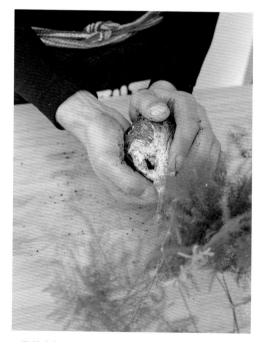

4. 为了方便将湿润的土壤制成一个球形，可使用塑料膜。

5. 塑料膜实用并且不会弄脏工作台，在大部分的苔玉制作中都会用到它。

6. 擦摸苔藓，清理苔藓内侧。
7. 给苔藓喷水让其变得更软。

8. 用苔藓包裹住球体确保盖住所有的土壤。

9. 制成球状。

10. 如果是使用一根线缠绕整个苔藓球，须在苔玉底部留出10厘米长的线以便最后打结。如图所示。用拇指将线固定在苔玉底部。

11. 用线缠绕苔藓球，每绕一圈，将球转动2厘米。

12. 剪断线，留出5厘米打结。

13. 打一个固定节。剪掉多余的线。

14. 将苔玉浸泡5分钟来清洗苔藓并浸润植物。

15. 轻轻按压苔藓球，挤掉多余水分。

16.使用木棍修整植物根茎处的苔藓，以便外形更加美观。

17.轻拍苔玉使其立住。

18.修剪苔藓、平整球体。

19.疏剪植物确保光照进入，避免干枯。

异域风情苔玉盆景

KOKEDAMA EXOTIQUE

开恩梯棕榈，也称为垂羽豪威椰，是一种养在室内的棕榈植物，可为您的室内带来一丝优雅、异国情调和垂直感。在光线充足的房间、办公室、冬季花园或阳台，它都会让您想起远方的岛屿！原产于大洋洲，主要来自澳大利亚的豪勋爵岛，该属仅包括两种：卷叶豪威椰（其垂直叶长度不超过45厘米），以及更著名的垂羽豪威椰，用于制作此类苔玉，成熟时会长得更大。这种室内植物具有很好的装饰效果。其绿色的叶子长而密并且具有光泽感。此外，垂羽豪威椰也具有净化能力，可有效对抗现代化室内中可能存在的挥发性化学物质。其生长喜温和气温，16 ~ 24℃之间；需求充足的光照，但绝不可以直接接触人阳光线，这可能会烧伤叶子。

因为垂羽豪威椰的茎非常容易折断，夏天可将其放在室外避风的阴凉角落，必须每2年换一次盆，最好在3 ~ 4月。为避免树叶变黄，建议适量浇水，等待土壤变干，以便其恢复活力。冬天，需要对叶子喷洒非钙质水或雨水，以缓和室内的热量。

用湿布清洁树叶使垂羽豪威椰的叶子保持光泽感。

材料准备

| 植物 | 垂羽豪威椰
| 苔藓 | 如梳藓
| 介质 | 1/2 泥炭土 +1/4 赤玉土 +1/4 泥炭藓
| 工具 | 标准套件
| 大小 | 球体：6.5 厘米
高度：28 厘米

泥炭藓　　赤玉土

垂羽豪威椰　　泥炭土

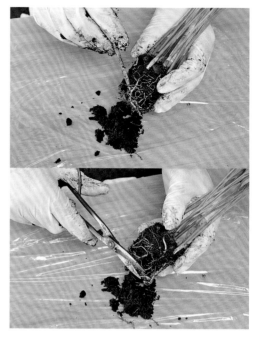

1.混合介质。

2.加入少许水混合。

3.将植物从花盆中移出，使用木棍解开根部。

4.剪掉过长的根部。

5.将混合好的介质覆到根上。

6.做成球形。

7.使用木棍清理苔藓。

8.给苔藓喷水使其变软。

9. 用苔藓包裹住球体，做成球形并盖住所有土壤。

10. 制作两个铝骑马钉然后把线绑到其中一个骑马钉上。

11. 缠绕骑马钉和线，每绕一圈，将球转动 2 厘米并将线拉紧。将第二个骑马钉钩住线的末端，然后用木棍将其塞入。

12. 将苔玉在水中浸泡 5 分钟。

13. 轻轻按压球体，挤掉苔藓中多余的水分。

14. 修整苔藓让球体变得更加整洁。

蝴蝶兰

泥炭藓

如梳藓

兰花苔玉盆景

KOKEDAMA D'ORCHIDÉE

该室内苔玉盆景，内敛而别致，花期较长可以填补您生活的闲暇。

这种小型兰花很容易购买到，有各种各样的颜色，从白色到深红色，从紫色到黄色。选择面非常广。最好将这种苔玉盆景放在光照条件好的窗户旁边但不可受太阳直射，否则可能会烧伤叶子，需要注意房间温度，不得低于16℃。

兰花不需要经常浇水，这使其养护非常简单。但是还是需要给苔藓喷水以保持绿色，并不时将苔玉浸泡在水中以浸透球体并滋润植物根部。

在此，我们使用的是比较常见蝴蝶兰，其名字来自于它的花形，让人联想到蝴蝶。原产于东南亚，这种植物生长在原始森林的树上并从空气中捕获生长所需的水分。

其长而美的花茎可与不同形状、纹理的底座搭配。可以像右图中一样和一个乳白玻璃盘搭配或者和树皮搭配展现最原始的效果，这可以让人联想到其生存的自然环境，适合所有风格的室内装饰。也可以在组合中加入具有异国风情但轻盈的叶子。

材料准备

植物	蝴蝶兰
苔藓	如梳藓
介质	泥炭藓
工具	标准套件
大小	高度：34厘米
	球体：9厘米

TIPS

在此针对兰花所使用的理想介质是泥炭藓，要将花盆中已有的介质与泥炭藓混合，它透气性较好并且能够保持这种植物生长所需的水分。

1. 将泥炭藓在水中浸泡10分钟。
2. 把植物从花盆中移出。

3. 使用木棍解开根部。
4. 剪掉受损的根和叶子。

5. 轻轻地把泥炭藓沥干。
6. 用泥炭藓包裹住根部并做成球状。

7. 清理并加湿苔藓使其变得更加柔软。
8. 将兰花放在苔藓中间。

9. 修整苔藓直到植物根颈处并做成球形。

10. 用钳子制作两个骑马钉。将线的末端绑到其中一个骑马钉上并将其全部插进球体中。

11. 边转球体边缠线。一旦将苔藓固定好，插入另一个骑马钉。

12. 将苔玉浸泡 2 分钟并进行清洗。注意不要过多的浸湿兰花。

13. 为了外观更加漂亮，使用木棍修整植物底部的苔藓。

14. 轻微修剪苔藓使其更加规则、均匀。

龙舌兰

细石

网

❀❀❀ 较难

沙漠苔玉盆景

KOKEDAMA DU DÉSERT

由龙舌兰制成的苔玉盆景，该植物的名字来源于希腊语，意思是指"令人钦佩"或"值得仰慕"。

该植物主要原产于墨西哥，但在美国西南部、中美洲和南美洲也有发现。

某些龙舌兰仍用于制造消费产品，如龙舌兰糖、龙舌兰酒，如蓝色龙舌兰，用于生产墨西哥国酒——龙舌兰酒。

和同一科的丝兰一样，龙舌兰非常容易养护，因为它的需水量有限。属于多肉植物或通常称为多浆植物，叶子肥硕，适合在沙漠等干旱环境中生存。夏天需要定期浇水。

夏天，将苔玉放在水龙头下或放入水中浸泡几分钟，让其彻底浸透，然后沥掉多余水分，在两次浇水之间让苔玉干燥几天，只需给苔玉表面喷水使其保持绿色。

冬天，这些植物像仙人掌一样需要干冷的环境但不可结冰，大约在 8 ~ 10℃ 之间。从秋天开始逐渐减少浇水次数直到冬天几乎完全停止浇水，然后春天再慢慢恢复浇水。

这些植物需要大量光照，因此可将其放在光照最多的地方，但是夏天不可受阳光直射，可能会灼伤植物。

材料准备

| 植物 | 龙舌兰
| 苔藓 | 如梳藓
| 介质 | 1/2 花盆土 +1/2 细石
| 工具 | 标准套件 + 塑料网
| 大小 | 高度：23 厘米 球体：9 厘米

TIPS

龙舌兰是一种生长在沙漠环境中的植物，其根部不承受积水。

因此可以在植物花盆里已有的土壤中加入一些砾石。这些砾石一般很容易找到。使用塑料网（如灯泡袋或蔬菜袋）可以更容易地制作苔玉的球体。

1.用木棍清理植物根部，底下放一个碗，盛放石子和原土。

2.剪掉过长的根。

3.将土和石子混合物填满半个网。

4.将植物放入网中并填满混合物。用铝丝把网封住。

5.把线拧好然后用钳子切断多余的部分。

6.稍微浸湿根部。

7. 给苔藓喷水让其变得更软。
8. 用苔藓裹住网。

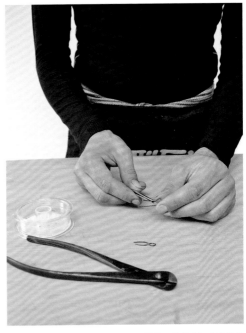

9. 做两个骑马钉，将线的末端绑到其中一个骑马钉上并将其全部插进球体中。

10. 用线缠绕球体。
11. 一旦固定好苔藓，用木棍将另外一个骑马钉插进去。

12. 用剪刀修剪苔藓。
13. 平整龙舌兰根颈处的苔藓，过几天再给苔玉浇水。

黄瓶子草

棉芯

赤玉土

泥炭土

泥炭藓

如梳藓

❀ ❀ 较 难

食虫苔玉盆景

KOKEDAMA CARNIVORE

该苔玉盆景因其挺拔之美而别出心裁，由一种食虫植物——黄瓶子草制作而成。

这种多年生植物生长在美洲高湿度地区。与其他瓶子草一样，其叶子会变成直立的管，称为瓶子或管，一旦成熟，底部直、硬且窄，但其上部却似喇叭口，帽能开合，可用来捕捉昆虫，这种植物颜色鲜明并且会在开口处分泌香甜蜜汁来引诱昆虫，主要是一些飞虫如苍蝇、蜜蜂等。

在其生长期，也就是从 3 ~ 10 月，应使其充分接受光照。在其冬季休眠期，光照应大大减少。关于栽培介质，在给苔玉换盆时可将泥炭与珍珠岩或石英砂混合。

在亚热带气候下，这种植物对温度要求不高，只需遵循自然循环，夏季炎热，冬季寒冷。

因此它适合全年养在家中，甚至也可在合适的季节放在室外，只要使其保持湿润。

冬天应保持 4 个月的低温状态，最好是 1 ~ 10℃，但不可让其完全干燥。这种植物可承受霜冻，但会减缓生长速度。

材料准备

| 植物 | 黄瓶子草
| 苔藓 | 如梳藓
| 介质 | 1/2 泥炭土 +1/4 赤玉土
+1/4 泥炭藓
| 工具 | 标准套件 + 棉芯
| 大小 | 高度 : 34 厘米
球体 : 85 厘米

TIPS

这种植物和很多食虫植物一样生长在非常潮湿的地方。由于室内温度较高且空气湿度较低，因此应持续供水以确保植物健康生长。所以我们需要在植物根部挖出一个土块并填入棉芯。然后再将棉芯从苔玉底部垂落，把棉芯浸到盛水的容器中，令水分定期渗透到根部令其保持湿度。

1. 混合介质并使用常温水将其黏合在一起。

2. 将植物从花盆中移出。
3. 使用木棍解开根部。

4. 将根部轻轻挖出一个空隙，把棉芯插进去。然后做成球形。

5. 给苔藓喷水让其变软。
6. 用苔藓包裹住球体。如有必要，加入一些小块苔藓来盖住孔洞。

7. 用铝线制作两个骑马钉。

8. 将线绑到其中一个骑马钉上。然后将其插进底部。用线缠绕球体。

9. 固定好苔藓，插入另一个骑马钉。

10. 使用木棍修整苔藓完成安装。调整苔玉底部和棉芯周围的苔藓。

11. 将球完全浸入水中5分钟。

12. 修剪整理作品，去掉受损或干燥的部分。

13. 将苔玉放在一个容器上，容器里，水中浸泡的是苔玉底部的棉芯。

骨碎补

泥炭土

赤玉土

如梳藓

泥炭藓

❀❀ 较难

蕨类苔玉盆景

KOKEDAMA DE FOUGÈRE

这是一个由蕨类植物骨碎补制作而成的苔玉盆景。
其根茎呈爬行和鳞片状，覆有软软的绒毛，不仅受儿
童喜爱也深得成年人的欢心。主要产于亚洲、北美和
澳大利亚，附在其他植物上生长比如树干。

类似的附生植物，例如兰花，附在树的树皮中并从中获
取少量有机物质。这些少量的介质足以提供其生长所需
的矿物质。对其生存至关重要的水分，则从周围环境的
空气中获取，甚至将雨水或露水储存在某些容器中。

这种植物习惯生长在半荫蔽的环境中，夏季放到室外。
只需要少量腐殖质土。其形状下垂并与其所依附的载
体的形状贴合。叶子的嫩芽有时为红色。怕冷，因此
不要将其放在10℃以下的环境中。避免过量的水分。
该植物无毒不会对儿童造成任何危害。

材料准备

| 植物 | 骨碎补
| 苔藓 | 如梳藓
| 介质 | 1/2 泥炭土 +1/4 赤玉土
+1/4 泥炭藓
| 工具 | 标准套件
| 大小 | 高度：26 厘米
球体：8 厘米

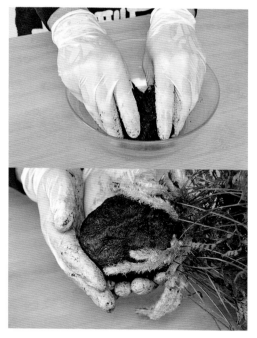

1. 将植物从盆中移出同时要避免伤到根茎。

2. 使用木棍轻轻解开根部。

3. 混合介质并使用少量的水将其黏合在一起。

4. 把混合物涂到根部上并做成球状。

5. 给苔藓喷水让其变得更软。用一根铝线制作两个骑马钉并将线绑在其中一个骑马钉上。用苔藓包裹住球体并插入第一个带线的骑马钉。用线缠绕球来固定苔藓。将第二个骑马钉钩住并塞入球体固定线的来端。

6. 修整植物根颈处的苔藓。

7. 按压苔藓使其分布均匀以及让苔玉成圆形。

8. 将球体浸泡 5 分钟。

9. 轻轻按压苔藓球，挤掉多余水分。

10. 使用剪刀修剪苔藓。

TIPS

需留出绒毛数比较多的根茎。
这些根茎将从空气中获取水分，并
且，赋予植物独特的外观。

番薯

赤玉土

泥炭土

泥炭藓

梳藓

悬挂苔玉盆景

KOKEDAMA SUSPENDU

番薯，一种甘薯属植物，其叶从紫红色到深黑色，常用于制作悬挂苔玉盆景。这种植物是一种蔓生、下垂植物。不耐寒，属生长迅速的一年生植物，原产地：南美洲（安第斯地区）和墨西哥。非常适合制作室内苔玉盆景。

番薯（*Ipomoea batatas*）取自西班牙语或葡萄牙语，是从在南美洲种植这些植物的土著文明中借用的术语。后来，西班牙人将其块根带回欧洲，然后将其引入世界其他地方。

其营养价值丰富，因此主要作为农作物种植，也由于它的装饰作用而被推崇。其绿色或紫色叶子整体性或剪裁性强，非常具有观赏性。该植物喜光照，适合放在光照充足或半荫蔽的环境中，同时对土壤质量要求不高易于养护。

材料准备

| 植物 | 番薯
| 苔藓 | 如梳藓
| 介质 | 1/2 泥炭土 +1/4 赤玉土 +1/4 泥炭藓 + 一把泥炭藓（备用）
| 工具 | 标准套件
| 大小 | 高度：31 厘米
球体：10 厘米

TIPS

我们会在泥炭土和苔藓中加入泥炭藓。它可以让球体保持更长时间的湿润状态，以便拉长浇水间隔时间。

一旦悬挂组件安装在苔玉上，便可以将苔玉吊起，作为悬挂类型的装饰。可使用线、细绳、链条或日式铸铁装饰件。

1. 将介质与水混合。预留一些泥炭藓作第 7 步用。
2. 将植物从花盆中移出。

3. 使用木棍解开根部。
4. 剪断过长的根。

5. 给根部和剩余的土喷水。
6. 把之前做好的混合物包住根部并做成球形。

7. 将预留的泥炭藓泡在水中，直至其完全浸透。
8. 轻轻按压，挤掉多余水分。

9. 将湿润的泥炭藓包裹住球体。
10. 用线缠绕泥炭藓将其固定。

11. 给苔藓喷水使其变软。

12. 用苔藓包裹住球体。一旦泥炭藓包裹完成，轻轻地将球塑造成最终的样子。

13. 制作两个骑马钉，将线的末端绑到其中一个骑马钉上并将其全部插进苔玉。固定苔藓。用线缠绕球体，每绕一圈，将球转动2厘米。
14. 一旦固定好苔藓，插入另一个骑马钉。将球浸入水中5分钟。

15. 剪出 20 厘米铝线。

16. 用一根铝线做成一个 "U" 型别针。

17. 再剪出 10 厘米铝线并做出一个和图片中左边一样的小钩子。

18. 用钳子将钩子固定到 "U" 型别针的顶部。

19. 用木棍在将要悬挂的地方戳一个孔。

20. 从从球的一侧穿到另一侧。

21. 将前面做好的 "U" 型别针穿过球体。再向下拉一下 "U" 型别针底部，仅在上方露出小钩子。

22. "U" 型别针底部留出约 5 厘米。用钳子剪掉多余的部分。

23. 用钳子将"U"型别针底部预留的铝线弯成钩状。

24. 将钩状铝插进苔玉底部隐藏。

25. 稍微拉一下"U"型挂钩的顶部，确保挂钩不会脱落。

26. 用镊子从顶部取下钩子。

27. 将木棍穿进 "U" 型别针的顶部，让其成圆形。

28. 用木棍拉出 "U" 型别针的顶部。

29. 将挂线穿过 "U" 型别针的顶部。

30. 用挂线打一个双结。

31. 剪掉多余的挂线。

32. 在浸湿苔玉前，检查好吊线。

33. 将苔玉浸泡 5 分钟。

34. 轻轻按压苔藓，挤掉多余水分。

35. 修剪苔藓。

36. 您需要为它找个理想的位置挂上。

番薯

赤玉土

铝线

钳子

盆景绑缚技法

KOKEDAMA ET LIGATURE

绑缚是一种技术，可引导植物长出所需的形状。可引导灌木、拉直树枝、造出起伏的形状。

可以像制作盆景一样制作一个苔玉。一般使用铝线（或更传统的铜线），其直径根据要绑缚的树枝的大小来调整。

几个月后要使用工具如线钳去掉绑缚线，防止对植物造成伤害。因为随着时间的推进，绑缚线可能会嵌入树皮。

注意，对于针叶树，最好在冬季进行绑缚，然后保留8～10个月。对于落叶灌木，最好在春季进行绑缚并保留4～6个月。对于由灌木或果树制作的苔玉，最好在6、7月进行绑缚并保留3～4个月。对于一些室内灌木和树木（榕树、槐树、中国榆树等），应轻轻地在已木化的树枝上绑缚并且每两月重复一次。

对于一些室内苔玉盆景常用绿色植物（甘薯属植物，天门冬属植物等），绑缚可在全年进行。但是在绑线时需要谨慎、小心。

材料准备

| 植物 | 番薯
| 工具 | 铝线 + 线钳

1. 将铝线从植物底部插进球体 3 厘米。

2. 在绑缚过程中用另一只手稳住植物，以免弄断树枝。

3. 绑缚完，用钳子剪掉多余的线。

TIPS

在绑线时需要注意既不能太紧也不能太松，否则可能会在植物上留下印记也可能不能正确引导植物生长。右图是在一根木棍上进行的演示。

石英
网
陶瓷盆
铝线
岩石
如梳藓
赤玉土

❀ 简单

景观苔玉盆景

KOKEDAMA PAYSAGE

苔藓可用于多种作品中。

这是一个放在传统陶瓷盆中的景观苔玉作品。

盆景，是一门中国传统艺术，是日本盆景的源头，在西方也读为 Pun Ching 或 Punsai，可追溯到公元二世纪，主要是让树木或植物在花盆中生长同时塑造出一种景观。如今非常流行。盆景常利用一些树木相关元素塑造一个景观，如水景、石头或小雕像。

树枝的形状要参考整个盆景的尺寸来修改，这将需要花费更多的时间来获得你想要的造型。

用石子代表山脉，用苔藓代表大海中郁郁葱葱的岛屿，用石英代表大海，化象为简，化繁为简。本作品维护简单只需要对其喷水来养护。

材料准备

苔藓	如梳藓
介质	赤玉土 + 黑色石英（用于装饰）
工具	基本套件 + 陶瓷盆 + 岩石 + 塑料网 + 铝线 + 勺子
大小	高度：85 厘米 球体：20 厘米

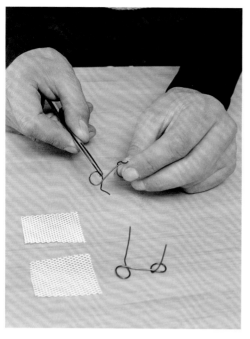

1. 剪出两个方形网，按上图制作两根 10 厘米铝线。

2. 将方形网放在花盆的排水孔上。扣住网上的线来固定网。

3. 将赤玉土倒入花盆中。注意不要填到与花盆边平齐，留出 0.5
厘米左右的空余。轻轻压紧并平整赤玉土，然后给介质喷水。
4. 将石块放入花盆中。选好景观角度，使组合达到最和谐状态。

5. 在苔玉上划一个切口以便可以更容易地放入石块。
6. 将苔玉修剪成需要的形状，并喷水让其变得更软。

7. 用镊子将岩石周围的苔玉放到准确的位置。

8. 最后，用勺子慢慢倒入黑石英填满缝隙并完成制作。

TIPS

为了尊重东方传统，倾向于不对称的构图。因此，石头将按奇数数量放置：1、3、5、7等。

关于陶器的选择，颜色当然是不受限制，但外型上，更倾向于使用比较平浅的容器。因为植物不需要很深的土壤厚度，并且岩石是放在表面上。

✿✿ 较 难

珍珠岩

木炭

赤玉土

泥炭土

月季

如梳藓

月季苔玉盆景

KOKEDAMA DE ROSES

在阳光明媚的下午，桌子上摆满了清香、漂亮的微型月季。

这种苔玉盆景很容易制作。建议您选择与您的蓝色或白色餐具相匹配的颜色柔和的鲜花，可以营造出一个比较怀旧的英式下午茶氛围。一些活泼的色彩，如红色或黄色，则更适合现代化的餐桌。您只需要把它制作出来然后和朋友一边吃着饼干一边慢慢欣赏这盆夏日动人的苔玉盆景。

这些微型月季种在花园中，对光照需求非常大。在合适的季节可将苔玉盆景放在光照充足但温度并不高的环境中。早晨的光线是再合适不过了。也可将其放在窗后，但是要避免太阳直晒，因为可能灼伤植物。

根据植物的需要进行定期浇水，如果叶子开始变黄，意味着需要减少浇水频率。

秋天或春天在长出花蕾之前可施加用于开花植物或月季专用的并且已稀释过的肥料。注意严格按照剂量，或进一步稀释以防烧坏苔玉。

材料准备

植物	微型月季
苔藓	如梳藓
介质	1/2 泥炭土 +1/4 赤玉土 +1/4 珍珠岩 +3 块木炭
工具	标准套件
大小	高度：31 厘米 球体：9 厘米

1. 混合介质并加水直至做出一个均匀的球体。

2. 将植物从花盆中移出。

3. 使用木棍分开根部。

4. 滋润根部并剪掉过长的根。

5. 将混合物涂到根部上并做成球形。

6. 滋润苔藓让其变软方便包裹。

7. 用苔藓裹住球体，仔细地盖住所有的土壤。并轻轻按压出圆形轮廓。

8. 剪出两段约四厘米长的铝线并制成骑马钉。将一根线绑到其中一个骑马钉上然后插入球体底部。

9. 用线缠绕球体，每绕一圈，将球转动 2 厘米。

10. 将苔藓固定好之后把线绑到第二个骑马钉上然后插进球体中。

11. 将苔玉浸泡五分钟，清洗苔藓并滋润植物。

12. 轻轻按压苔玉球，挤掉多余水分并做出最终需要的形状。

13. 为了外形更加美观，使用木棍修整植物。

14. 去掉受损的树枝或叶子，月季应与尺寸相匹配。轻微修剪苔藓使其更加规则、均匀。

TIPS

特殊场合中，可以使用这种月季苔玉盆景，但在制作时需要特别小心不要过多地触碰其根部并且需要定期浇水。

为了达到最佳效果，最好在春天花蕾长出前制作这种苔玉，这样可避免过度损坏植物。

紫萼

泥炭藓

如梳藓

✿ ✿ ✿ 较 难

紫萼苔玉盆景

KOKEDAMA D'HOSTA

紫萼是一种装饰性很强的植物，其花色从白色到蓝色再到紫色，有些品种甚至芳香十足。

花期最早从 5 月末开始最晚可延续到 10 月末。其叶子无论是绿色、金色、蓝色还是杂色，圆形、细长状或波状都非常诱人，因此选择非常广泛！紫萼叶子的颜色常常取决于植物照晒的情况。一般来说，金色叶子的植物需要在明亮的地方，可确保其叶子颜色正常发展，但应避免阳光照晒因为可能会晒伤叶子。相反蓝色叶子则需放在阴凉外，否则很可能会变成蓝绿色甚至是绿色。

紫萼喜凉爽或潮湿的阴凉处，可种植在花盆中或像图中一样制作成苔玉盆景，但需确保介质能够充分排水。冬天绝不可给植物过多浇水。在整个夏季都应定期浇水。如果可能，建议早上浇水，因为晚上浇水可能会吸引一些鼻涕虫爬到叶子上。冬天，苔玉可承受低温，但切记，苔玉或盆栽中的植物根部更容易暴露，因此要特别注意零下的温度。由于寒冷引起的问题在春天更常见，这时晚霜会破坏幼叶。

材料准备

| 植物 | 紫萼
| 苔藓 | 如梳藓
| 介质 | 1/2 泥炭土 +1/4 赤玉土
+1/4 泥炭藓
| 工具 | 标准套件 + 塑料网（或土工布）
+ 铝丝
+ 黑色毡笔
| 大小 | 高度：23 厘米
球体：9 厘米

TIPS

可在工作台上铺上一层塑料膜来保护板面，因为泥炭土稍脏。

苔玉不可浸泡太久因为整个作品刚刚完成，所有的组成部分并不结实很可能会散开。

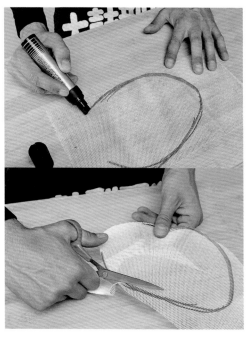

1. 用泥炭土和赤玉土混合物做出两个球体。

2. 在塑料网上用黑色马克笔画出苔玉的形状。

3. 剪出所画的形状。

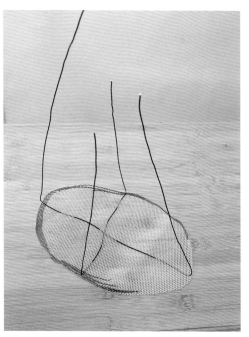

4. 像上图一样，将两根铝线交叉插入网中，形成十字形。

5. 将其中的一个土球在网上铺开。这部分主要用作苔玉的基部。

6. 解开植物根部，下面放一个盛有泥炭藓的碗以便将植物的土存放到这个碗里。

7. 剪掉过长的根。

8. 将植物放到中心。

9. 将泥炭藓和解开根部时留下的土壤的混合物润湿。

10. 覆上混合的泥炭藓和泥土，确保植物良好的透气性。

11. 加入第二个泥炭土和赤玉土混合物并全部盖住植物底部。

12. 将基部每侧的"十"字铝线系上并且每一侧都要打结以固定整体。

13. 用钳子剪掉多余的线。

14. 给苔藓喷水使其变软，方便包裹。

15. 将整体放到苔藓上并用苔藓包裹住。

16. 用其他苔藓再包住同时进行调整以达到最佳效果。

17. 用一根铝线制作四个骑马钉。

18. 将线绑到一个骑马钉上，然后插进苔藓中。

19. 最精细的一步是将线缠到苔玉上。一只手稳住整体，另一只手用线缠绕苔玉并将线交叉来固定苔藓，最后将线绑到一个骑马钉上插进苔藓中。

20. 在大量的常温水中浸泡2分钟。

21. 轻轻按压苔藓，挤出多余水分。将苔玉放在一个塑料膜上，然后用剪刀修剪苔玉、完善作品。

钩状松

泥炭土

赤玉土

泥炭藓

❀ 简 单

森林苔玉盆景

KOKEDAMA D'HOSTA

在亚洲，松树长期以来被用于制作微型景观、盆景，现在在日本也将它用于制作苔玉。

此作品，使用了一棵钩状松来制作苔玉。这种针叶树，是一种生活在欧洲某些山区的松树。易于种植并且耐寒、耐热。

相比较阔叶树其生长需要更多的光照，其如针般细长的叶子使其耐旱能力较好。应尽可能地把它放在室外，一年内只能在室内摆放几天。可在秋冬施加分解缓慢的有机肥为其提供养料。需大量浇水并且两次浇水期间应稍微晾干土壤。

松树不可承受过多的水分。尽管这种树木能够承受零下的温度，但是仍需保护苔玉或花盆中的松树免受霜冻。

借助裁剪和绑缚技术，以及各种可用于制作苔玉的植物，我们可以做出各种风格：直立的、倾斜的、弯曲的、垂落的或者像左图中所示，使用一棵三年生的幼苗制作一个苔玉盆景。

材料准备

植物	钩状松
苔藓	赤茎藓
介质	1/2 泥炭土 +1/4 赤玉土 +1/4 泥炭藓
工具	标准套件
大小	高度：27 厘米 球体：9 厘米

1. 剪断泥炭藓并将其掺到其他介质中。

2. 混合介质并使用少量的水将其粘在一起。

3. 使用木棍解开小树的根部。剪断过长的根并修剪整体。

4. 给根部稍微喷一些水。

5. 把介质混合物涂到根部上。

6. 制作一个尽可能均匀的球体。

7. 滋润苔藓让其变软方便包裹。

8. 用苔藓覆盖住球体。

9. 剪出两根铝线来制作骑马钉。

10. 将线绑到一个骑马钉上并用木棍插进球体中。

11. 用线缠绕球体，每绕一圈线将球转动 2 厘米。

12. 将线绑到第二个骑马钉上来固定苔藓，拉紧线并用木棍插进球体中。

13. 将苔玉浸泡 2 ~ 5 分钟，直到球体不再产生气泡。轻轻按压苔藓，挤出多余水分。

14. 使用木棍固定小树根部的苔藓，如有必要也可用剪刀修剪苔藓球。

15. 最后，去除枯叶，用镊子清理植物和苔藓。

TIPS

在此我们使用一种不同的苔藓，赤茎藓。这种苔藓可在森林中找到。正是这种自然、浓密、繁茂的外观吸引我们去制作一个小松林！

赤玉土

泥炭藓

如梳藓

泥炭土

田园风苔玉盆景

KOKEDAMA DES CHAMPS

这盆散发着田园风情的苔玉盆景由一些简单的花朵制作而成，如金鸡菊，其长茎主导整个作品。

本作品花期是错开的：首先蛇目菊开出亮黄色的花，然后金鸡菊开出浅黄色的花，最后黄帚橐吾开出橘黄色的花。所有的植物均属菊科。

橐吾背面是紫红色的大圆叶，让作品结构之间形成了对比。

背后最高植物的细叶也与前景中低矮植物的深绿色小圆叶形成了对比。

该苔玉盆景适合放在半荫蔽处并需定期滋润，特别是橐吾，它是一种生长在潮湿土壤中的植物。除了合适的季节，其他时间应放在室外，因为这些室外植物不可长时间放在干燥的环境下以及没有光照的房间内。也可放在室内几天，尤其是潮湿的房间，例如厨房靠近水槽的地方或浴室。本作品可在野餐或夏季用餐时装饰餐桌，将给人一种田园般的生活情调。

材料准备

植物	金鸡菊
	齿叶橐吾
	蛇目菊
苔藓	赤茎藓
介质	1/2 泥炭土 +1/4 赤玉土 +1/4 泥炭藓
工具	标准套件
大小	高度：60 厘米
	球体：12 厘米

1. 混合介质并使用少量的水将其黏在一起。

2. 用木棍解开根部。剪掉过长的根。

3. 以同样的方式准备三种植物。

4. 确定植物在苔玉中的位置。上图显示了三种植物各自的位置。

5. 将根部覆上混合物。

6. 用土做出一个均匀的球。

7. 弄湿苔藓使其变软以方便包裹球体。

8. 用苔藓包住球体。

9. 用钳子和镊子制作两个骑马钉。

10. 把线绑到第一个骑马钉上然后用木棍插进去。用线缠绕苔藓来将其固定住。每一圈都交叉约2厘米的线。然后将第二个骑马钉插进去。

11. 将苔玉浸泡5分钟。

12. 轻轻按压苔玉，挤出多余水分。

13. 用小木棍小心地调整植物根部的苔藓。

14. 用剪刀修剪苔藓使轮廓更加规整。

15. 用镊子清理苔藓。

禾木植物

蕨类植物

山毛榉

天竺葵

松树

闲适苔玉盆景

KOKEDAMA EN BALADE

其灵感来自于大自然，在森林漫步时，通过观察这些花、野草、小灌木，我们制作出了这个充满自然风情的苔玉盆景。

只需很少的工具，一把小铁锹或一把小手铲、一卷线、根铝线，便可制作出这个苔玉作品。

可以使用我们周围的东西来制作：可以把树枝当成木棍来刮掉土壤并解开根部，所需的介质也在现场找。

至于苔藓，如果它在森林中大量生长，必须少量采集，因为其发育相对缓慢并且需要很长时间来再生。

像野生兰花这样的保护植物，不得采挖。

森林已有的树种子长出的幼苗当是最佳选择，例如鹅耳枥或山毛榉或小松树。

材料准备

| 植物 | 森林植物
| 苔藓 | 森林苔藓
| 介质 | 森林土
| 工具 | 基本套件
| 大小 | 高度：可变
| | 球体·可变

1. 在此，我们选择了一棵幼小的山毛榉，其叶呈现出缤纷的
紫红色。

2. 蕨类植物和禾木植物可以为作品带来轻盈、灵动的感觉。

3. 一棵松树的嫩枝，欧洲落叶松。

4. 一种名为"罗伯特草"的多年生天竺葵，其花朵呈浅粉色。

5. 将5种植物放在一起并思考如何在苔玉中对其进行组合。

6. 找少量湿土添加到植物的介质中。

7. 仅采挖所需的苔藓量，其他留下以便苔藓可以继续生长。

8. 用树枝轻轻地刮植物的根部，去掉多余的土。

9. 浸湿所有植物的根部。

10. 尽量制作一个圆形球体。

11. 将苔藓覆上球体。

12. 如果有铝线，临时做两个骑马钉并将第一个骑马钉插进苔玉底部来固定线，如果没有，则开始时准备 10 厘米长的线在最后打一个结。

13. 用线缠绕苔藓，之后将线绑到第二个骑马钉上并将其插进苔藓球中。

14. 将苔玉浸泡 2 ~ 3 分钟。 将植物根部完全浸透。轻轻按压苔藓，挤掉多余水分。

15. 用树枝调整苔藓以便有一个更好的效果。

金丝桃

一串红

大戟

❀ ❀ 较 难

春夏苔玉盆景

KOKEDAMA DU PRINTEMPS À L'ÉTÉ

这是一个由红色、黄色和渐变绿色构成的别出心裁的
多彩苔玉作品。

该苔玉作品会在合适的季节里散发出独特的魅力：

花期：4 ~ 6 月，先是大戟黄绿带红蕊的花朵，然后
接着金丝桃鲜黄的花朵，最后是一串红火红的花朵。
这些植物的花期可从春季一直持续到夏季。

果实：在此作品中所用的金丝桃可结出漂亮的果实，
呈现出黄红暖色调。

叶子：一串红锯齿状深绿色叶子，金丝桃浅绿色叶子，
大戟夹杂着黄边的绿叶，大戟也为整个作品带来对比
色彩。在养护方面，三种植物均喜光照，因此可放在
半荫蔽环境下以及光照充足的环境下。

但不可将大戟放在温度过高的环境中。因为苔玉中所
用的土量较少，土壤干得很快，因此放在夏日早晨的
日光下是最理想的，光照充足且温度适中。金丝桃和
一串红耐旱能力较好，可定期进行浇水，因为大戟喜
湿润的土壤。

材料准备

植物	金丝桃
	大戟
	一串红
苔藓	如梳藓
介质	1/2 泥炭土 +1/4 赤玉土 +1/4 珍珠岩 + 一把 泥炭藓
工具	基本套件
大小	高度：可变
	球体：可变

1. 将不同的介质放到一个容器中。

2. 混合介质并使用少量的水将其粘在一起。

3. 把植物从花盆中移出。可以像图中一样将土块分开以供后面使用。

4. 用木棍解开根部。根据植物大小，根的数量也有所不同。

5. 给每棵植物喷水。

金丝桃 ·····

大戟 ····· ····· 一串红

6. 最高的植物放在后面，中等植物插在中间，最小的植物放在前面。上图显示了各植物在苔玉中的具体位置。

7. 用介质混合物裹住根部，制作一个尽可能均匀的球体。

8. 浸湿苔藓让其变得更软。

9. 用苔藓包裹住球体并尽量盖住所有的土。

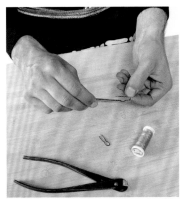

10. 用钳子、镊子和一根铝线制作两个骑马钉。

11. 将绑着线的骑马钉插进去。

12. 用线缠绕球体来固定苔藓，将线绑到另一个骑马钉上并将其插进球里。

13. 将苔玉浸泡5分钟，然后轻轻按压苔藓，挤掉多余水分。

14. 去掉不想要的树枝。

15. 最后用剪刀修剪苔藓。

16. 用小木棍小心地调整植物根部的苔藓。

泥炭土

赤玉土

泥炭藓　　　　　　如梳藓

礼品苔玉盆景

KOKEDAMA À OFFRIR

为纪念一个特殊的场合，这件华丽生动、色彩丰富的作品灵感来源于日本传统文化。

在日本赠送礼物时习惯会用丝布将其包裹好，称为包袱。丝而用棉花或者合成材料制成，例如绉绸。其外观呈波纹形，相比普通布料更柔软并且更容易折叠。包袱会根据季节选择绉绸的样式或者其颜色，也可与赠送的礼物、土产相匹配，有点类似于礼物包装纸。在将礼物送出之后，通常会将包袱收回。收到礼物的人不会当面打开礼物以免冒犯赠送礼物的人，这是东方人的习惯。

这个苔玉作品可以作为花束。当然它存活的时间会更长，但最好选择一年生植物，或是正在开花的多年生植物，为的是在其最美时刻将其作为礼物送出。在造型以及制作完成后，将其送出之前，需要给苔玉大量浇水。以便其不会显得"无精打采"。

材料准备

| 植物 | 观赏烟草（大花烟草）。
鞘蕊（锦紫苏）非洲雏菊。
银瀑与醉金
| 苔藓 | 如梳藓
| 介质 | 1/2 泥炭土 +1/4 赤玉土
+1/4 泥炭藓
| 工具 | 标准套件
| 大小 | 高度：50 厘米
球体：12 厘米

TIPS

由于数量较多，使用多种植物制作苔玉更加困难。为了简化给球体塑形可使用土工布。

如果想像日本那样用一个丝布包裹苔玉礼物，可以用塑料薄膜事先把苔玉球裹住以免弄脏丝布。

1. 准备介质并修剪泥炭藓。

2. 将植物从花盆中移出。

3. 分开根部将其润湿并剪掉过长的根。

4. 给植物定位以达到最好的组合效果。将放在烟草的白花后面，在银瀑马蹄金的灰色叶子前面。

TIPS

首先要选择作品的"面"，也就是说最适合观看的景观角度。另需注意放置植物的方式，植物的位置必须和谐，以使每个植物都能得到充分的表现。

注意，一般情况下，会将最高的植物当作背景，然后依次往前推进，最后最小的植物放在最前面来盖住其他植物的根部。

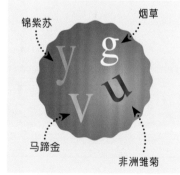

5. 将混合物覆到根部上并做成球形。

6. 清理苔藓并去掉其他残留物（泥土、松针、砾石）。

7. 滋润苔藓让其变软方便包裹。

8. 用苔藓裹住球体并仔细地盖住所有的土壤。

9. 剪出两段约 4 厘米长的铝线然后用钳子制成两个骑马钉。

10. 将线的一端绑到其中一个骑马钉上然后把它进入球体下方。用线缠绕球体，每绕一圈将球转动 2 厘米。

11. 一旦固定好苔藓后，把线剪断并将线绑到第二个骑马钉上，然后用木棍将其插进球体里。

12. 给球体重新塑形。

13. 将苔玉浸泡 5 分钟，清洗苔藓并滋润植物。轻轻按压苔玉球，挤掉多余水分并做出最终需要的形状。

14. 为了外形更加美观，使用木棍修整植物底部的苔藓。

15. 轻微修剪苔藓使其更加规则、均匀。

16. 用镊子夹掉苔藓表面的松针和种子。

17. 清理植物受损的叶子和花。

甜菜

泥炭土　　泥炭藓

赤玉土　　土工布

❀ 简单

儿童苔玉盆景

KOKEDAMA POUR LES ENFANTS

在此我们制作了一个"卡哇伊"的作品，日语的意思是指可爱、甜美、娇小。

这类苔玉盆景非常容易制作，一般来说只需要一种植物，最好是颜色鲜艳或造型简单的植物，例如一些方便找到的花、草。可以与小巧、可爱的物品、玩物、玩具相组合。在此我们使用了一种类似食用甜菜的蔬菜，易于养护，其红茎非常具有装饰性。植物被当作一个小花狸雕像的伞，这是一种小浣熊，常见于日本的各种传说中。

制作一个苔玉作品还是需要一些技巧的，适合7～8岁的孩子在成人的陪同下进行创作。同时这也是他们认识自然、鲜花和培养植物，甚至是经历其成长和生存的一个机会。

但需要注意年龄更小的孩子！因为有一些植物带毒，易误食，最好咨询专业人士。

材料准备

|植物| 甜菜
|苔藓| 如梳藓
|介质| 1/2 泥炭土 +1/4 赤玉土
　　　 +1/4 泥炭藓
|工具| 标准套件 + 无纺布
|大小| 高度：23 厘米
　　　 球体：8.5 厘米

TIPS

在此我们使用无纺布方便儿童制作球体。并且也可维持土球，不会裂开。可以用制作红茎甜草苔玉同样的方式来制作右图中的黄茎植物苔玉，还可以选择儿童喜欢色颜色进行制作。

1.混合介质并剪断泥炭藓以便更好地将其混在一起。

2.加水搅拌均匀。

3.把植物从盆中移出。

4.用木棍解开根部。

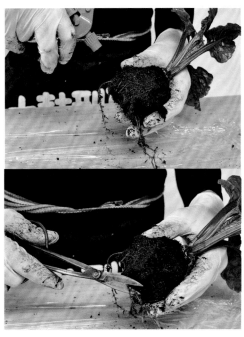

5.滋润根部。

6.剪掉过长的根。

7.在无纺布中央铺开介质混合物。

8.将植物放在中间然后用泥土混合物包住。

9. 把无纺布合起来。用织布包裹做成一个球形。

10. 开始时留出 10 厘米长的线，方便打结。将线固定在球体上。开始缠线，每转一圈将球转动 2 厘米同时确保线是拉紧的。

11. 将布用线固定好之后，把布反面压下去。然后再重新缠一圈。最后用开始时预留的 10 厘米线打一个结。

12. 清理并滋润苔藓让其变软方便包裹。

13. 沿球体裹上苔藓并仔细把所有的无纺布都盖住。

14. 剪出两段约 4 厘米长的铝线。用钳子制成两个骑马钉。

15. 将线的一端绑到其中一个骑马钉上然后把它插进球体下方。用线缠绕球体。

16. 一旦固定好苔藓，把线剪断并将线绑到第二个骑马钉上，然后将其插进球里。

17. 将苔玉浸泡 5 分钟，清洗苔藓并滋润植物。

18. 轻轻按压苔玉球，挤掉多余水分并做出最终需要的形状。

19. 轻微修剪苔藓使其更加规则、均匀。

20. 为了外形更加美观，使用木棍修整植物底部的苔藓。

21. 轻轻拍打球体底部，使苔玉可以完全立起。

其他作品展示
AUTRES EXEMPLES DE RÉALISATION

🔺 该苔玉盆景由一棵银杏制成。这是地球上现存最古老的树种之一，类似于针叶树。叶子在秋天呈金黄色。

🔺 该苔玉盆景由一棵修长的金露梅制作而成。这种小灌木常用于制作边饰和花丛，是制作室外作品的理想选择。坚实而质朴，从春天到秋天将会开出一些零零散散的小花。

▶ 右图：该作品由一棵榕属植物制成，稍偏向于"盆景风格"，给作品一种轻盈的效果。这种植物很容易购买，但注意要选择嫁接美观的树木。否则当我们制作微型盆景时会显得笨重、毫无美感。

🔺 该苔玉作品由铁线蕨制作而成，又称铁丝草或"少女的发丝"，其叶子非常轻盈，自然垂落，可用于室内装饰。

🔺 该苔玉盆景由文竹、白鹤芋和多色银边吊兰制作而成。背景画面中插入了一根刺柏树枝，给整个作品一个纵向的高度。

🍃 左图：展示的苔玉盆景非常具有线条感，三个高度层层叠进，其中有一棵白茅，其红色的叶子让人赏心悦目，并且随着秋天的到来叶子的颜色会越来越深，旁边是一棵蕨类植物和酸浆果，也称为"爱情牢笼"。

⚑ 这棵覆盖着人造雪的扁柏幼苗可用来替代传统的圣诞树。

⚑ 该作品中包含文竹、枪刀药和红色的一品红，可让您的派对餐桌充满活力、动感。

⬗ 右图：展现了一个明朗的冬季苔玉作品。由文竹、卷柏和冬青构成，红色的果实带来一丝节日的气氛。

⬙ 下页中，原来的苔玉作品盆栽后展现出新的生机。苔玉可移植为迷你盆景，也可用作花盆中的主景植物。

图书在版编目（CIP）数据

苔玉：苔藓盆中的自然精华 /（法）杰瑞米·塞古达，

弗兰克·萨德林编著；译林苑（北京）科技有限公司译.

— 北京：中国林业出版社，2019.6

书名原文：Kokedama

ISBN 978-7-5219-0146-7

Ⅰ.①苔… Ⅱ.①杰… ②译…

Ⅲ.①盆景 – 观赏园艺 Ⅳ.① S688.1

中国版本图书馆 CIP 数据核字（2019）第 135566 号

责 任 编 辑： 印 芳　袁 理
出 版 发 行： 中国林业出版社
地　　　址： 北京西城区刘海胡同 7 号
邮 政 编 码： 100009
电　　　话： 010-83143568
印　　　刷： 固安县京平诚乾印刷有限公司
版　　　次： 2019 年 7 月第 1 版
印　　　次： 2019 年 7 月第 1 次印刷
开　　　本： 710mm×1000mm　1/16
印　　　张： 9
字　　　数： 300 千字
定　　　价： 58.00 元